物理大爆炸

128堂物理通关课

•进阶篇

简单机械

李剑龙 | 著
牛猫小分队 | 绘

浙江科学技术出版社

图书在版编目（CIP）数据

物理大爆炸：128堂物理通关课．进阶篇．简单机械／李剑龙著；牛猫小分队绘．一杭州：浙江科学技术出版社，2023.8（2024.6重印）

ISBN 978-7-5739-0583-3

Ⅰ.①物… Ⅱ.①李… ②牛… Ⅲ.①物理学－青少年读物 Ⅳ.① O4-49

中国国家版本馆 CIP 数据核字 (2023) 第 052594 号

美术指导 _ 苏岚岚

画面策划 _ 李剑龙　赏　鉴

漫画主创 _ 赏　鉴　苏岚岚

漫画助理 _ 杨盼盼　虞天成　张　莹

封面设计 _ 牛猫小分队

版式设计 _ 牛猫小分队

设计执行 _ 郭童羽　张　莹

鸣谢名单

第 8 册　徐　颖　谭　章
第 9 册　赵　沛　李　涛　卜　赟　王　一　孙亚飞
　　　　　代佳明　吴跃伟　李延兵
第10册　汪建勋　唐立梅　吕秋平　全向前
第11册　李轻舟　王　苏　刘芳菲
第12册　杨式辉　孟　斐　何校威　陈　耸　周至美
　　　　　曹　伟

感谢所有为本书提供彩色照片的科学家和摄影师们。

你好，我叫李剑龙，现在住在杭州。我在浙江大学近代物理中心取得了博士学位，也是中国科普作家协会的会员。

在读博士的时候，我就喜欢上了科学传播。我发现，国内的很多学习资料都是专家写给同行看的。读者如果没有经过专业的训练，很难读懂其中在说什么。如果把这些资料拿给青少年看，他们就更搞不懂了。

于是，为了让知识变得平易近人，让青少年们感受到学习的乐趣，我创办了图书品牌"谢耳朵漫画"。漫画中的谢耳朵就是我。我的主要工作就是将硬核的知识拆开，变成一级级容易攀登的"知识台阶"。于是，我成了一位跨领域的科研解读人。我服务过 985 大学、中国科学院各研究所的博导、教授和院士们。此外，我还承接过两位诺贝尔奖得主提出的解读需求。

"谢耳朵漫画"创办以来，我带领团队创作了多部面向青少年的科学漫画图书，如《有本事来吃我呀》《这屁股我不要了》和《新科技驾到》。其中有的作品正在海外发售，有的作品获得了文津奖推荐，有的作品销量超过了 200 万册。

我在得到知识平台推出的重磅课程"给忙碌者的量子力学课"，已经帮助 6 万人颠覆了自己的世界观。

你好呀，我是牛猫小分队的牛猫，我的真名叫苏岚岚。我从中国美术学院毕业后到法国学习设计，并且获得了法国国家高等造型艺术硕士文凭。求学期间，我的很多专业课拿了第一，作品多次获奖，也多次参加国内外展览。由于表现突出，我还获得了欧盟奖学金支持，到德国学习插画，并且取得所有科目全 A 的好成绩。工作以后，我成为《有本事来吃我呀》和《动物大爆炸》的作者、《新科技驾到》和《这屁股我不要了》的主创。

看到这里，你一定以为我是一名从小到大成绩优秀的"学霸"。其实，我中学时代偏科严重，是一名物理"学渣"。明明自己很聪明，可是物理考试怎么会不及格呢？我经过长时间的反思，终于找到了原因。课本太枯燥了，老师讲得又无趣，久而久之，我对这个科目完全失去了兴趣。

从学渣到学霸的转变，让我深刻体会到"兴趣是最好的老师"。于是，我把设计、画画、编剧等技能发挥出来，开创了用四格漫画组成"小剧场"来传播科学知识的形式。咱们这套书里的很多故事就是我和李老师共同创作的，希望让小朋友在哈哈大笑中学会知识。

牛猫小分队的另一个核心成员叫赏鉴，他是咱们这套书的漫画主笔，他画的漫画在全网已经有 5000 万以上的阅读量啦。

目录

第72堂　　机械效率

知识地图　　简单机械通向何处

第 **68** 堂

我们为什么**要学习**
简单**机械**

在 3600 多年前的商朝初年，中华大地遭遇了一场大旱灾。眼看粮食连年歉收，老百姓忍饥挨饿，商朝宰相伊尹急中生智，发明了一种叫桔槔的工具，并教百姓使用它从井里取水。于是，百姓很快完成了农田灌溉，走出了粮食歉收的困境。

以上记载来自中国古代的一部著名农学著作，叫《王祯农书》。我们并不确定《王祯农书》的记载是否百分之百准确，但出土文物告诉我们，早在 3000 多年前的西周时期，人们就已经在矿井中使用桔槔了。

桔槔的结构非常简单，你只需要找到一棵大树作为支点，然后用一根长杆、一块重物和三段绳子就能把它造出来。你看，桔槔是一种非常简单的机械，制造它没有任何难度。一个庄稼汉再笨手笨脚，也能在半小时之内把它造出来。

真方便！

相比直接用瓦罐从井里取水，桔槔一次可以取出满满一桶水，用起来既省力，速度又快。桔槔在我国流传了 3000 多年，直到现在，浙江省诸暨市赵家镇的桔槔井灌工程仍然可以发挥灌溉的作用。

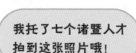

诸暨市赵家镇的桔槔

何李洁 摄

除了桔槔，中国还有一种简单机械流传了 3000 多年，那就是犁。犁由一组形状规则的斜面构成，能一边沿着地面向前运动，一边把地面的物体向上抬升。你或许已经猜出了它的用途，对，那就是给农田松土。

松土

有壁铁犁

9

在中国历史上，像桔槔、犁这样的简单机械还有很多很多。人们需要夹取物体时，会使用钳子；需要剪断物体时，会使用剪刀；需要榨油和钻探盐井时，会使用尖尖的楔子；磨米磨面时，会使用厚重的碾子；加工朱砂时，会使用轻便的研朱；等等等等。

简单机械伴随着中国人民走过了几千年的时光，还将伴随我们走向下一个千年。

为什么人们在生产和生活中总是需要利用简单机械呢？因为在大自然面前，人类实在太渺小了。

横亘在我们面前的，是巍然耸立的高山，是惊涛拍岸的江河，是遮天蔽日的森林，是风沙满天的戈壁，是波涛汹涌的大海，是逶^{wēi}迤^{yí}起伏的丘陵，是漫山遍野的杂草，是荆棘丛生的荒原……

人类实在太渺小了……

第68堂

**我们为什么
要学习简单机械**

与此同时，我们的速度不如骏马，我们的力气不如熊罴，我们的视力不如鹰隼，我们的嗅觉不如狼犬，我们的听觉不如蝙蝠。

更重要的是，在古代，我们获取机械能的方式也很有限。我们无法像现在这样家家通电、户户通燃气，没有遍布城市和农村的加油站，更别提拥有汽车、高铁、飞机和轮船，我们能依靠的主要是人力，偶尔可以用到畜力和水力。

因此，如何利用微不足道的个人力量，在有限的能源供应下，完成各种高强度、高难度、高速度、高工程量的工作，在严酷的自然界中为自己和家人开辟一小块生存空间，就成为世世代代中国人不得不面对的挑战。人们该如何应对这些挑战呢？可行的办法之一，就是发明和使用各种简单机械，让它们帮助人们提高效率、节省体力。

亲爱的读者，在了解了能量和功的理论知识后，请和我一起回到实际，研究一下简单机械吧！

第 3 节　简单机械让我们以弱胜强

> 为什么大鳄鱼身材魁梧、力大无穷，却三番五次地被身材矮小、力量有限的耳郭狐爸爸摔个仰面朝天呢？

这是因为，耳郭狐爸爸巧妙地利用大鳄鱼和自己的身体结构，让二者变成了一组简单机械——杠杆。仅仅几个回合之后，耳郭狐爸爸就让不可一世的大鳄鱼接连败下阵来。

第一回合，大鳄鱼一上来就抓住了耳郭狐爸爸的衣领。于是，耳郭狐爸爸立刻以大鳄鱼的手背为支点，将对方的手掌变成了一个杠杆。接下来，只要他稍微一用力，大鳄鱼的手掌和小臂就会形成一种怪异的姿势，并感到疼痛难忍。这一招来自巴西柔术，叫作**腕锁**。

柔术·腕锁

第二回合，大鳄鱼再次冲了上来。耳郭狐爸爸手疾眼快，抢先一步抓住了大鳄鱼的衣领和袖口，并以大鳄鱼的胯部为支点，将对方全身变成了一个杠杆。在这电光石火之间，他一手拽领子，一手拽袖子，再伸出右腿向后勾，一下子将大鳄鱼摔了个仰面朝天。这一招是巴西柔术中的经典投技，叫**大外刈**。

柔术·大外刈

第三回合，大鳄鱼试图挣扎着起身，但是耳郭狐爸爸马上用自己的膝盖顶住大鳄鱼的腹部，将全身的重量压了上去。这一招是巴西柔术中专门压制对手的招数，叫作**浮固**。

柔术·浮固

　　第四回合，大鳄鱼拼命挣扎，试图将耳郭狐爸爸甩开。耳郭狐爸爸哪里肯给对方挣脱的机会？他紧紧抓住大鳄鱼的衣领，并以自己的手掌为支点，将自己的手臂变成了一个杠杆。紧接着，他肘部下压，将大鳄鱼的脸朝左侧一别，把大鳄鱼牢牢地压制在了地面上。这一招叫**别脸**。

柔术·别脸

最后，耳郭狐爸爸使出了巴西柔术中的绝招——**十字固**。趁大鳄鱼无法动弹之际，他迈过对方的头顶，用胯顶住对方的手肘，并以此为支点，将对方的整条手臂变成了一个杠杆。这时，他已经牢牢地锁死了大鳄鱼的手臂，让对方完全丧失了挣脱的可能。而且，他如果稍微多用一点儿力，就可能将大鳄鱼的手臂撅断。大鳄鱼如果非要继续挣扎，手肘就会如刀割一般疼痛，甚至发生骨折。

没办法，大鳄鱼只能戴上一副"银手镯"，乖乖地跟着耳郭狐爸爸去公安局报到了。

柔术·十字固

就这样，身材矮小、力量有限的耳郭狐爸爸，在面对比自己强大的大鳄鱼时，反复运用简单机械的原理，将大鳄鱼打得一败涂地。并且，类似的招数耳郭狐爸爸还有很多，大鳄鱼就算再叫上十个八个同伙，也不可能是耳郭狐爸爸的对手。

　　你看，简单机械不但能帮助我们提高效率、节约体力，还能让我们以弱胜强，以小博大。这么实用的物理知识，推荐你赶快学习一下。过了这村就没这店啦！

大家排好队，一个一个上。

轮到我了，轮到我了！

　　你可能会觉得难以置信，但以上利用简单机械进行救援的场景，源自一个真实的故事。

　　2018 年，12 名少年和 1 位成年人被困在了泰国长达 10 千米的溶洞洞穴群——坦銮洞穴群中。洞穴中布满了石笋和钟乳石，道路一会儿上升一会儿下降，还有很多岔路。由于连日下雨，洞穴中的大部分地方完全被水淹没。更糟糕的是，在救援的通道上，有一段水下道路非常狭窄，救援人员需要暂时卸下氧气瓶才能勉强钻过去。

受困人员
所在位置

最终，2名救援人员在距离入口5小时路程的地方，发现了13名被困人员。他们已经被困10天了，又累又饿，不但缺少必要的工具，连新鲜空气都呼吸不到。救援人员的当务之急，就是迅速向他们输送补给。当然，靠人力一点一点运送补给根本来不及，而大型设备又没法进入洞穴作业。这可怎么办呢？救援队中的几名中国救援人员想到了办法。他们用绳索和滑轮等简单机械，在洞穴中架设了一个简易的运输系统，成功地将补给送到了被困人员手中。

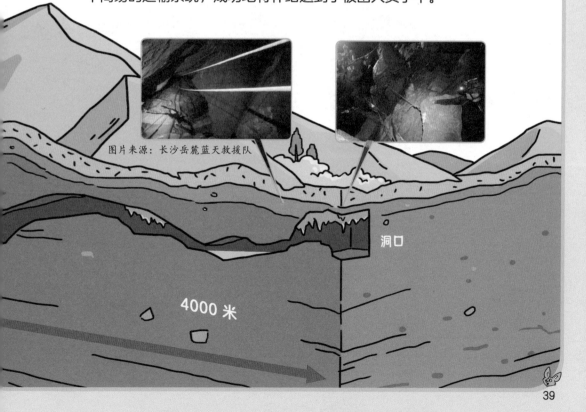

图片来源：长沙岳麓蓝天救援队

洞口

4000 米

后来，为了防止被困人员在潜水时因惊恐发生二次损伤，救援
人员将他们麻醉，成功带他们游出了被困区域。

无独有偶，2004 年，美国犹他州的坚果油灰洞中也有一个 14 岁的小男孩被困。与其说坚果油灰洞是一个洞穴，不如说它是一条裂缝，因为它的通道更加狭窄，有的通道只能容许一个人通过，最窄的地方甚至需要人变换姿势硬挤才能通过。

图片来源：长沙岳麓蓝天救援队

注：以上图片并非在坚果油灰洞中拍摄。

救援人员发现，就算他们能找到被困的男孩，也没法利用手臂的力量把他拉出来，因为洞穴实在太窄了，手臂根本没有发力的空间。

最终，救援人员在洞穴里安装了一套滑轮系统，然后在相对宽敞的地方拉动绳索，成功将小男孩救了出来。

你看，在这些极端困难的环境中，我们平时仰仗的挖掘机、起重机、千斤顶等专业设备根本无法发挥应有的威力。此时，我们唯一可以依靠的，反而是各种看似平平无奇的简单机械。

简单机械虽然结构简单、原理也简单，但它们的作用一点儿也不简单。只要我们深刻理解它们的价值，并将它们巧妙地组合在一起，就一样能力挽狂澜、拯救生命。

第 5 节　简单机械是力学之母

你发现了吗？从第 1 册《测量与机械运动》开始，到第 12 册《简单机械》为止，"机械"二字总是反复出现在物理学中。也许你会问，这两个字到底有什么魔力，为什么科学家要反复念叨它们呢？

这是因为，力学是物理学的中枢，而简单机械是力学之母。这到底是怎么回事呢？请听我慢慢道来。

力学和机械的渊源始于 2200 多年前，相当于中国的战国时期。当时，古希腊哲学家阿基米德对杠杆、滑轮、螺杆等简单机械进行了细致的研究。

约公元前220年
阿基米德对简单机械进行了细致的研究。

45

200 多年之后，古希腊数学家、工程师希罗将这些知识汇总成一本书，叫作《机械》，古希腊语写作 μηχανή。

约公元50—70年
希罗将简单机械的相关知识汇总成《机械》一书。

希罗

μηχανή

时间又过去了 1500 多年。伽利略将自己开创的科学研究方法应用在了简单机械之中，并写了一本《论机械》（ *On Mechanics* ）。其中的"机械"一词（mechanics）就源自古希腊语的"机械"（ μηχανή ）。

mechanics

约公元1600年
伽利略用科学方法研究简单机械，并写成《论机械》一书。

伽利略

论机械

在伽利略之后，科学家沿着他的脚步继续前进，提出了机械运动（mechanical motion）、机械能（mechanical energy）、机械功（mechanical work）、力（force）、压强（pressure）、重力（gravity）等物理概念，并将机械相关的知识抽象化、系统化，让这些碎片化的知识，逐渐融合成一门独立的学科。这门学科就被科学家称为 mechanics。

约公元1600—1850年
科学家将简单机械的相关知识发展成了一门独立的学科：mechanics。

随着物理学的日渐成熟，mechanics 的核心内容也在不断变化。科学家发现，在 mechanics 这门学科中，最核心的概念并不是机械，而是力（force）。于是，mechanics 在英文中逐渐变成了一个多义词。它的一个意思是机械，另一个意思是"一门以'力'为核心的学科"，也就是力学。

mechanics

重力　压强　力　机械功　机械能　机械运动

约公元1600—1850年
科学家意识到mechanics在表示这门独立学科时，不应解释为"机械"，而应解释为"力学"。

19 世纪末，美国翻译家丁韪良（wěi）在向中国人介绍 mechanics 这门学科时，大笔一挥，将其翻译成了"力学"。我们现在听说的各种力学，比如牛顿力学、理论力学、量子力学，都源自这个翻译。

在此之前，其他翻译家在介绍力学中的物理概念时，将 mechanics 及其衍生词 mechanical 分别直译成了"机械""机械的"，这才有了我们现在学的机械运动、机械能、机械功等概念。工程学中的机械工程（mechanical engineering）概念也是这么来的。

我要把 mechanics 翻译成"力学"，而不是"机械"。

丁韪良

约公元1880—1890年
丁韪良将mechanics翻译为"力学"。此前，其他翻译家将相关的概念，翻译成机械运动、机械能、机械功等。

第68堂

我们为什么
要学习简单机械

这个道理就像"他很红"这句短语，既可以翻译成"他穿的衣服是红色的"，也能翻译成"他很受欢迎"一样。

总之，我们之所以会觉得科学家反复念叨"机械"这两个字，完全是因为物理学跟机械实在太有渊源了。简单机械催生了力学，力学又为物理学世界提供了凝聚力。

现在就让我们逆转时空，回到物理学发源的地方，用我们掌握的力学知识，去研究一下既好玩又重要的简单机械吧！

敲黑板，划重点！

力学最早起源于人们对简单机械的研究。力学和机械对应同一个英语单词 mechanics。翻译家将物理术语中的 mechanics 翻译成中文时，有时译作机械，有时译作力学。

第 **69** 堂

杠杆

一块连大鳄鱼都搬不动的大石头，山大魈用棍子轻轻一撬，就把石头撬离了原来的位置。这是为什么呢？

原来，在撬动大石头之前，山大魈悄悄在下面垫了一块小石头。这块小石头为山大魈的棍子提供了一个支点，让棍子可以绕着支点进行转动。于是，这根普通的棍子在支点的帮助下，变成了我们要讲的一种简单机械——杠杆。后来的事情估计你已经搞清楚了，杠杆帮助山大魈节省体力、以小博大、以弱胜强，最终让大石头滚落山崖，让大鳄鱼收获了一场意外之旅。

杠杆

嘿呀！

支点

杠杆

我们在生活中见到的许多工具，其实都可以被看作一根杠杆。

例如，我们称质量时用的天平和买菜时用的杆秤，就是杠杆。

支点

支点

我们用筷子夹菜时的每根筷子也是杠杆。

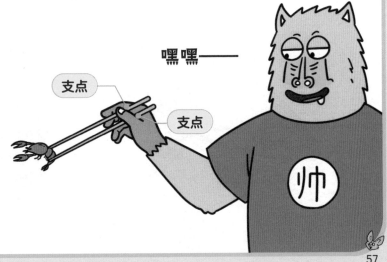

嘿 嘿——

支点

支点

帅

剪刀是杠杆，羊角锤是杠杆，核桃夹是杠杆，饮料开瓶器也是杠杆。

支点

支点

支点

支点

总之，形成杠杆只需要满足以下两个条件：

敲黑板，划重点！

第一，这个物体必须是坚硬的、不易变形的。

第二，这个物体可以围绕某个固定的支点转动。

亲爱的读者，你在生活中还见过哪些杠杆呢？

为什么山小魈使了那么大的劲都没有把书的边缘裁掉，耳郭狐和山大魈只花了很小的力气，就轻松把样书裁好了呢？

这件事说起来很好笑。因为山小魈挑选的"天下第一大剪刀"，属于简单机械中的**费力杠杆**。这种杠杆非但不能帮他节约体力，反而会大大浪费他的体力。

费力杠杆

杠杆

　　假如山小魁朝剪刀把手使出了 100 牛的握力，经过费力杠杆的作用后，剪刀刀刃对样书的压力恐怕就只有 30 牛了。

抖！

抖！

　　我们假设，剪刀对样书施加的压力要达到 90 牛，才能将纸张剪断。为了做到这一点，山小魁对剪刀把手施加的握力必须提高到 300 牛以上。你看，这把山小魁累成什么样啦！还说这剪刀天下第一大呢，我看是费力程度天下第一。

哇呀呀！

与此同时，耳郭狐和山大魈使用的裁纸刀，是货真价实的**省力杠杆**。

省力杠杆

假如他们对把手施加了 80 牛的压力，经过省力杠杆的作用后，刀刃的各个部分会分别对样书产生 90 ~ 200 牛的压力。于是，他们只需要"咔嚓"一刀，就把样书的边缘裁好了。

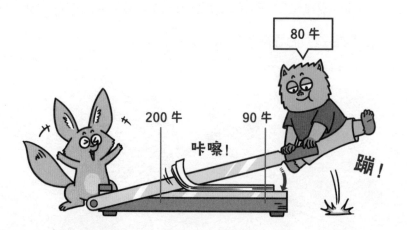

第69堂

杠杆

　　你看，省力杠杆确实可以帮助我们省力，而费力杠杆确实会让我们费力。

　　假如你要用杠杆节约力气，千万不要选择费力杠杆，而要用省力杠杆哟。

第 3 节　如何区分省力杠杆和费力杠杆

> 我们该如何区分哪些杠杆可以省力，哪些杠杆只会费力呢？

区分杠杆类型的方法，是比较动力臂和阻力臂的长度。

敲黑板，划重点！

假如一个杠杆的动力臂大于阻力臂，它就是省力杠杆。

假如一个杠杆的阻力臂大于动力臂，它就是费力杠杆。

为了理解什么叫动力臂和阻力臂，让我们来看一看下面这几张示意图。

当你转动杠杆的时候，杠杆身上一定会存在三个特殊的点。第一个点是杠杆转动的支点 O，第二个点是物体对杠杆施加动力 F_1 时的作用点 A，第三个点是物体对杠杆施加阻力 F_2 时的作用点 B。在物理学中，O 点和 A 点之间的距离叫作动力臂，O 点和 B 点之间的距离叫作阻力臂。

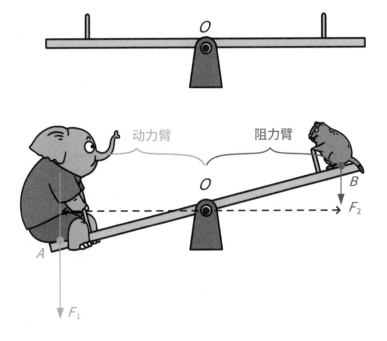

现在再让我们看看山小魁的"天下第一大剪刀"。当这把剪刀的刀尖碰到纸张时，它的动力臂只有 9 厘米，而它的阻力臂足足有 30 厘米。阻力臂大于动力臂，因此这是一个费力杠杆。

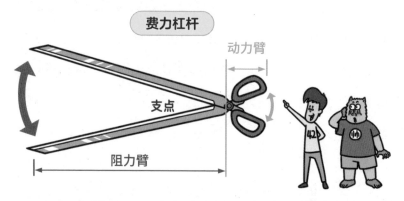

费力杠杆

看完了山小魁的剪刀，再让我们看一看耳郭狐的裁纸刀。当裁纸刀的中部碰到纸张时，它的动力臂是 40 厘米，而它的阻力臂只有 30 厘米。动力臂大于阻力臂，因此这是一个省力杠杆。

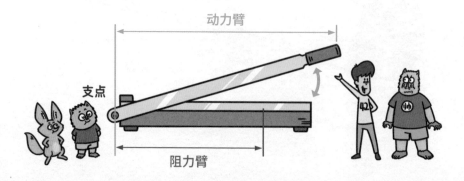

省力杠杆

让我们回头再看一看耳郭狐爸爸的例子。当他锁住大鳄鱼的手腕时，对方的手掌形成了一个省力杠杆。当他使用投技将大鳄鱼摔倒时，大鳄鱼的身体又形成了一个省力杠杆。

柔术·大外刈中的动力臂和阻力臂

当他使出"别脸"时，耳郭狐爸爸将自己的手臂变成了一个省力杠杆。当他以"十字固"将大鳄鱼限制得动弹不得时，他再次让大鳄鱼的大臂和小臂形成了一个省力杠杆。

你看，每次都是耳郭狐爸爸省力，大鳄鱼费力，难怪人高马大的大鳄鱼打不过身材矮小的耳郭狐爸爸。

柔术·十字固中的动力臂和阻力臂

第69堂

杠杆

在生活中，许多装置都属于省力杠杆。例如，自行车的车闸是省力杠杆，自行车的脚蹬和花盘齿轮构成的结构也是省力杠杆。除此之外，羊角锤、开瓶器、扳手、撬棍、指甲剪、核桃夹、晾衣架上的手摇器、液压千斤顶的把手，都是省力杠杆。

请你开动脑筋想一想，这些装置和结构为什么是省力杠杆呢？

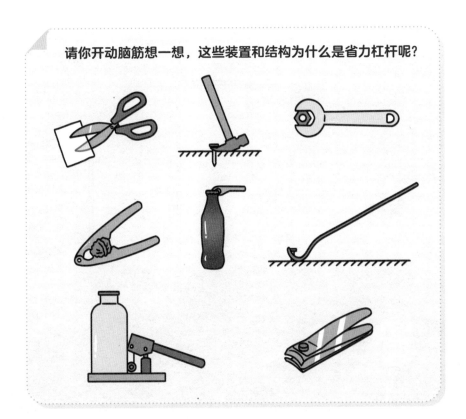

　　一天下午，调皮的零零正在家里东摸西摸。突然，"咣当"一声响，家里的抽屉柜倒了下来，把零零重重地压在下面。零零顿时害怕地大哭起来。哭声惊动了爸爸妈妈，他们连忙把抽屉柜搬开，把零零抱到医院。幸好，零零只是身上有一些淤青，并没有大碍。

你可能会觉得，抽屉柜砸到零零只是一场意外事故。但是你知道吗，在过去，美国每年约有 38000 人因倾倒事故而接受急救，其中大部分为 6 岁以下的儿童。这是怎么回事呢？

News

美国每年约有

38000 人

因倾倒事故接受急救

新型骗局

原来，当孩子将抽屉柜的抽屉拖出来之后，抽屉柜就形成了一个省力杠杆。

省力杠杆

此时，他只需要把身体的一部分重量压在抽屉上，抽屉柜就会沿着一条棱边发生转动。转动发生后，抽屉柜的重心很快会发生偏移，失去平衡。最终，抽屉柜会狠狠地倒在地上，把孩子压在下面。

因此，假如你家也有这样的抽屉柜，千万不要趴在抽屉上玩。与此同时，我也想请你转告爸爸妈妈，我们只要在柜子下面安装一种特殊的塑料垫片，或者在柜子内部钉上一个螺丝钉，就能防止此类事故的发生。

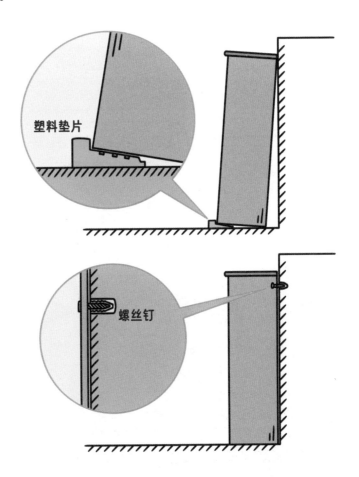

塑料垫片

螺丝钉

第 5 节　费力杠杆有什么用

由于船桨的动力臂较短、阻力臂较长，当我们使用船桨划船时，它是一个费力杠杆。我们知道，费力杠杆让人费力。按理来说，山小魈把船桨改造成省力杠杆以后，划船应该变得更轻松才对。可为什么山小魈最后却累得半死不活呢？

答案就藏在费力杠杆的一个重要作用上，那就是节省距离。

没错，费力杠杆虽然会让我们花费更多力气，但它能帮我们节省距离。不信你看，假如我们用费力杠杆划船，我们的身体只需要在一个很小的范围内移动，就能让船桨在水里划过很大一片区域。

费力杠杆

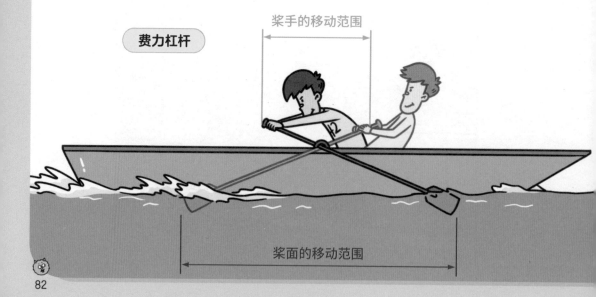

桨手的移动范围

桨面的移动范围

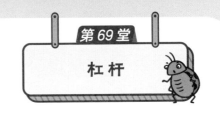

第69堂
杠杆

　　假如我们将船桨变成一个省力杠杆，情况就完全不同了。此时，我们必须像山小魁一样，一会儿跑到船头，一会儿跑到船尾。

　　从划动船桨来看，这样的船桨确实比之前省力了。但从整体来看，我们不得不把大量的力气花在跑步上。跑步会让我们消耗很多能量，让省力变得毫无意义。

　　所以，划船的时候，我们宁愿用费力杠杆，也不用省力杠杆。相比省力，我们更愿意选择缩短移动距离。

省力杠杆

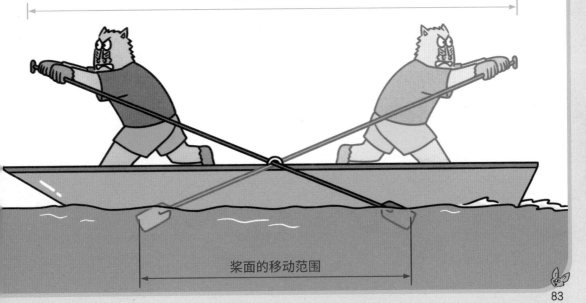

桨手的移动范围

桨面的移动范围

83

在生活中，许多装置其实都属于费力杠杆。例如，钓鱼的鱼竿、夹东西的镊子、在炉膛里夹煤的煤饼钳、吃饭的筷子、演奏会上的响板、缝纫机踏板以及某些肌肉和骨骼形成的结构，都属于费力杠杆。

鱼竿

镊子

响板

吧嗒！

请你开动脑筋想一想，这些装置和结构为什么是费力杠杆？假如它们变成省力杠杆，我们用起来会更方便吗？

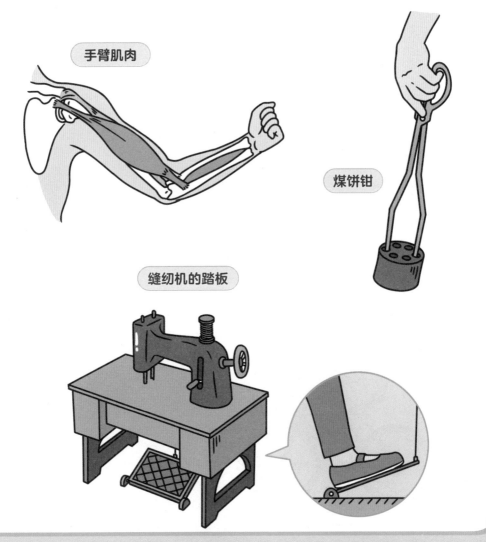

手臂肌肉

煤饼钳

缝纫机的踏板

从前面的故事中我们可以看出，省力杠杆和费力杠杆有各自的优点和缺点。杠杆的选择关键不在于杠杆本身好不好，而在于我们的使用场景是什么。有时候省力杠杆更好用，我们就选择省力杠杆；有时候费力杠杆更好用，我们就使用费力杠杆。

想要加速向前冲的时候，我就调节变速齿轮，将自行车的齿盘变成费力杠杆。

用力！

想要慢悠悠看风景的时候，我就调节变速齿轮，将自行车的齿盘变成省力杠杆。

轻松！

当动力臂等于阻力臂时,杠杆既不省力也不费力,属于等臂杠杆。亲爱的读者,请你动脑筋想一想,在什么样的情况下,我们需要使用等臂杠杆呢?

对了对了。像我这样的,动力臂等于阻力臂的杠杆,就叫作等臂杠杆。

动力臂　阻力臂

跷跷板也是等臂杠杆哦!

动力臂　阻力臂

第 70 堂

力矩

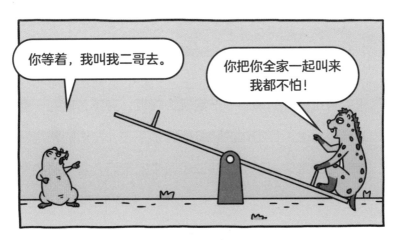

　　蹄兔宝宝正在和旱獭宝宝一起玩跷跷板。突然，鬣狗一屁股坐在右边的跷跷板上，让右边的跷跷板沉了下去，左边的跷跷板翘了上来。当蹄兔宝宝叫来了自己的二哥海牛宝宝后，左边的跷跷板就沉了下去，右边的跷跷板翘了上来。最终，鬣狗被跷跷板顶上了天。

　　不知道你发现了没有，不管鬣狗和蹄兔宝宝对跷跷板怎么施力，跷跷板都不会改变位置，也不会改变形状。他们的施力效果只有一个，那就是让跷跷板绕着支点转动。

转动

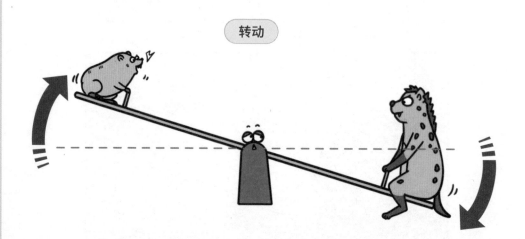

第 70 堂

力 矩

假如鬣狗对右边的跷跷板施加压力，跷跷板就会沿着顺时针方向转动；假如鬣狗对左边的跷跷板施加压力，跷跷板就会沿着逆时针方向转动。

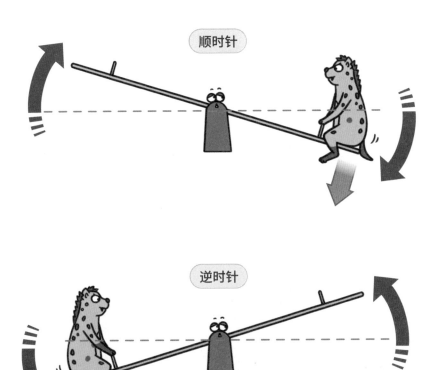

顺时针

逆时针

当然，跷跷板会碰到地面，转不了多久就会停下来。但假如他们玩的不是跷跷板，而是一个风车，风车就会在力的作用下，沿着顺时针或逆时针方向不断转动。

呜呜！我要下去……

在这个故事中，我们得出一个有关杠杆的重要结论：

敲黑板，划重点！

物体对杠杆施力的效果是让杠杆沿着顺时针或逆时针方向转动。

说到这儿也许你会问，假如两个物体同时作用在杠杆上，杠杆的状态又会怎样呢？

不难想象，假如两个物体同时作用在杠杆上，而且它们作用的方向刚好相反，那么，杠杆一定会沿着转动作用大的方向转动。

例如，鬣狗想要让跷跷板顺时针转动，而蹄兔宝宝想要让跷跷板逆时针转动。由于蹄兔宝宝产生的转动作用小，鬣狗产生的转动作用大，所以，跷跷板最终还是沿着顺时针方向转动了。

转动作用小　　　　　　转动作用大

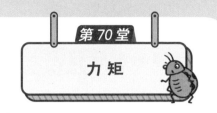

当海牛宝宝出现以后，情况就发生了逆转。此时，海牛宝宝产生的转动作用大，鬣狗产生的转动作用小。结果，海牛宝宝一"巴掌"下去，跷跷板就开始逆时针转动，鬣狗就顺势上了天。

转动作用大　　　　　转动作用小

咻！

当蹄兔宝宝、鬣狗和海牛宝宝分别对杠杆用力时，他们施加的转动作用存在天壤之别。海牛宝宝施加的转动作用最大，鬣狗次之，蹄兔宝宝最小。这是为什么呢？

我不说你应该也知道，这是因为海牛宝宝的力量远远大于鬣狗，而鬣狗的力量远远大于蹄兔宝宝。

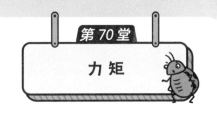
说到这儿，我们又在杠杆中发现了一个规律：

敲黑板，划重点！

> 物体对杠杆的转动作用与物体施力的大小有关。在相同的条件下，物体施力越大，它产生的转动作用就越大；物体施力越小，它产生的转动作用就越小。

理解了这个道理，你就会发现，耳郭狐爸爸能够将大鳄鱼摔个仰面朝天，是因为他除了能巧妙地利用杠杆原理，还具备一定的力量。

我一口气能挑 5 担鹅毛！

说到这儿，你也许还有一个问题想问：为什么蹄兔的二哥不是蹄兔，而是一只海牛呢？

这是因为，海牛是蹄兔的近亲，他们拥有共同的祖先。于是，蹄兔宝宝便认了海牛宝宝作二哥。

那么，蹄兔宝宝的大哥是谁呢？哈哈！他就是我们的老熟人，象不象。没错，大象也是蹄兔的近亲。大象有蹄子，蹄兔也有蹄子；大象长门牙，蹄兔也长门牙。它们和海牛、儒艮(gèn)在大约 8000 万年之前是一家人。

祭祖仪式

老祖在上！

保佑我长高高！

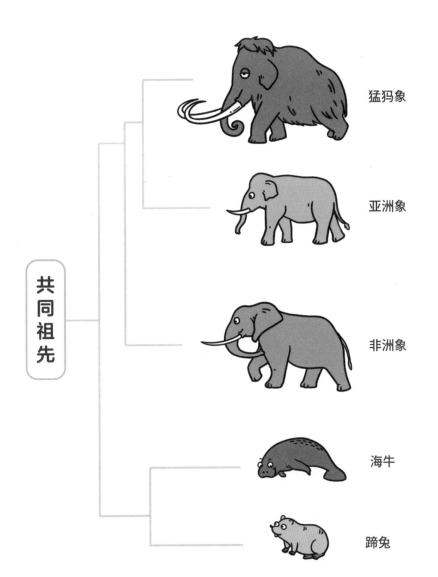

猛犸象

亚洲象

非洲象

共同祖先

海牛

蹄兔

象不象的体重太大了，海牛宝宝和蹄兔宝宝加起来也不是他的对手。照理来说，蹄兔宝宝需要叫来好几个帮手，一起对跷跷板施力，才有可能对抗象不象对杠杆的转动作用。

不过，蹄兔宝宝很快想出了另外一个办法。他让象不象和海牛宝宝把跷跷板的一头变长了。如果我们把象不象这一头的跷跷板看作阻力臂，把蹄兔宝宝这一头的跷跷板看作动力臂，那么动力臂大于阻力臂，此时的跷跷板可以看作一个省力杠杆。

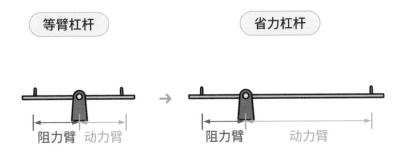

既然是省力杠杆，蹄兔宝宝就不用喊其他小伙伴来帮忙了。他的重力加上海牛宝宝的重力，足以撬动象不象庞大的身躯啦。

从这个故事中，我们发现了这样一个规律：

物体对杠杆的转动作用不但跟力的大小有关，还跟力臂的长短有关。在力的大小相同时，力臂越长，物体对杠杆产生的转动作用就越大；力臂越短，物体对杠杆产生的转动作用就越小。

力 矩

在实际生活中，工程师会利用各种办法延长杠杆的动力臂，让有限的力量产生更大的作用。例如，当维修人员需要取下汽车轮胎上的螺母时，他们会用一种动力臂很长的套筒扳手。有时候，螺母被拧得太紧，维修人员用套筒扳手拧半天也拧不动。此时，他们会设法增加套筒扳手的长度，通过增加动力臂来进一步增大转动作用。

普通套筒扳手

加长的套筒扳手

谢耳朵漫画团队 摄

第 5 节　什么是力矩

　　将前面两个故事综合起来看，我们会发现一个有趣的事实。当我们比较不同物体对杠杆的总体转动作用时，我们既不能只考虑力的大小，也不能只考虑力臂的长短，而是要将二者的影响同时考虑在内。

　　在物理学中，"物体对杠杆的总体转动作用"有一个专门的名字，叫作力矩。

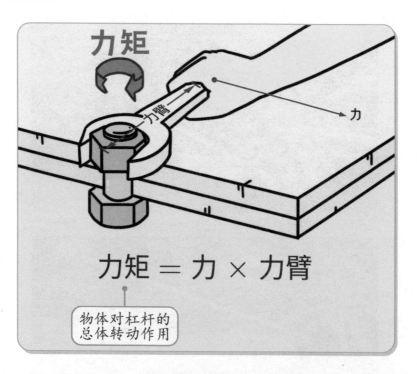

力矩 ＝ 力 × 力臂

物体对杠杆的
总体转动作用

　　力矩的数学公式非常重要。有了它，我们就可以轻松地判断，杠杆在受到不同物体的转动作用时，究竟会如何转动。

力 矩

例如，当蹄兔宝宝和海牛宝宝玩跷跷板时，海牛宝宝产生的力矩大，蹄兔宝宝产生的力矩小。所以，跷跷板会按照海牛宝宝施力的方向转动。

当象不象和蹄兔宝宝、海牛宝宝一起玩加长版跷跷板时，他们的力矩大小基本一致。这时，跷跷板既不会沿着顺时针转动，也不会沿着逆时针转动，而是像天平一样保持水平。我们管这种状态叫作力矩平衡。

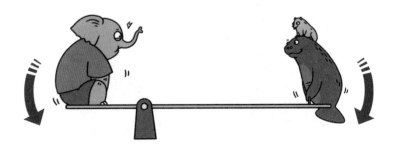

再比如，当我们用桔槔取水时，桔槔会经历好几轮转动方向的变化，桔槔受到的力矩也会发生好几轮变化。

第一步，我们在桔槔的取水端放上一个空桶。此时，石头产生的力矩大，空桶产生的力矩小。空桶会随着桔槔右端升起并悬在井口。

　　第二步，我们用力将与空桶相连的绳子向下拉。此时，我们和空桶产生的力矩超过了石头的力矩。因此，桔槔会朝着我们用力的方向转动。空桶进入水井中，并开始取水。

咕咚！

第三步，我们松开双手，撤去拉力。此时，石头的力矩超过了桶和水的力矩。桔槔沿着石头施力的方向转动，水桶随着桔槔的右端升起并悬在井口。我们在桔槔的帮助下轻松地取到了满满一桶水。

通过以上的例子，我们可以得出杠杆的几个特点：

敲黑板，划重点！

1. 物体对杠杆施力时，杠杆会沿着物体施力的方向发生转动。

2. 物体对杠杆施加的转动作用叫作力矩。

3. 力矩等于力的大小乘力臂的长度。

4. 当两个物体同时对杠杆的两端施加转动作用时，谁的力矩大，杠杆就沿着谁施力的方向转动。

5. 当两个物体同时对杠杆的两端施加转动作用时，如果二者的力矩相互抵消，杠杆就会进入力矩平衡的状态，保持不动。

当然，判断杠杆转动方向仅仅是力矩公式最基础的应用。除此之外，力矩公式还有更加重要的用途。比如，假如有人说可以用杠杆撬动地球，我们用力矩公式进行计算，就能判断他到底有没有在吹牛。

古希腊哲学家阿基米德有一句流传了 2000 多年的名言：给我一个支点，我就能撬动地球。

当然，阿基米德并不打算真的撬动地球。他的本意是说，合理地使用杠杆可以大大地节省体力。

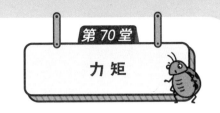

在阿基米德所在的年代，人们根本不知道地球有多大，更不知道地球的质量是多少。因此，就算阿基米德真的想撬动地球，他也搞不清楚自己需要一根多长的杠杆。

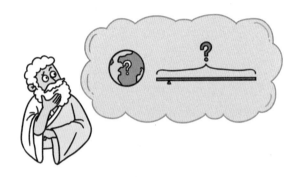

如今，阿基米德不知道的条件，我们都已经基本搞清楚了。利用力矩的公式，我们就可以试着计算阿基米德需要多长的杠杆了。

首先，让我们假设，在阿基米德撬动地球时，支点和地球之间的长度（阻力臂长度）是 0.01 米。与此同时，我们假设阿基米德的质量是 60 千克，地球和阿基米德都处于相同的重力场（10 牛／千克）中。

于是，我们有：

阿基米德的力矩 ＝ 阿基米德的重力 × 动力臂长度

600 牛

未知

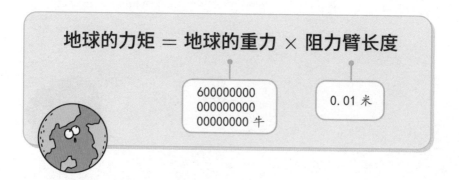

地球的力矩 ＝ 地球的重力 × 阻力臂长度

600000000
000000000
00000000 牛

0.01 米

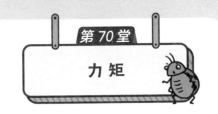

力矩

为了让阿基米德撬动地球，阿基米德的力矩至少要等于地球的力矩。

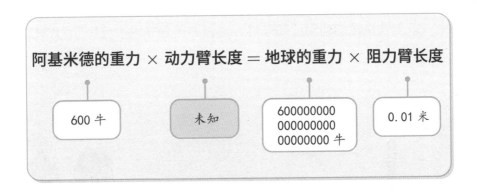

阿基米德的重力 × 动力臂长度 ＝ 地球的重力 × 阻力臂长度

| 600 牛 | 未知 | 600000000 000000000 00000000 牛 | 0.01 米 |

经过计算，我们可以得出以下结果。

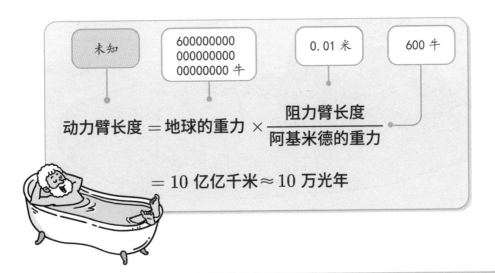

| 未知 | 600000000 000000000 00000000 牛 | 0.01 米 | 600 牛 |

$$动力臂长度 ＝ 地球的重力 × \frac{阻力臂长度}{阿基米德的重力}$$

$$＝ 10 亿亿千米 ≈ 10 万光年$$

计算结果表明，阿基米德要想用自己的力量撬动地球，他的杠杆长度需要达到10万光年。这么长的杠杆都可以从银河系的一头，捅到银河系的另一头了。除非阿基米德能从孙悟空那里借到金箍棒，否则，他根本不可能撬动地球。

　　以上就是我们利用已知条件，通过力矩公式求出杠杆动力臂长度的过程。

大圣！借你的金箍棒一用！

悟空，你想清楚再给。

实际上，如果已知条件发生变化，这个公式还可以帮助我们求出杠杆的其他条件。

我把这个公式的常见的六个应用场景总结如下。

公式小课堂

1. 求解动力臂长度

$$动力臂 = \frac{阻力 \times 阻力臂}{动力}$$

2. 求解动力大小

$$动力 = \frac{阻力 \times 阻力臂}{动力臂}$$

3. 求解阻力臂长度

$$阻力臂 = \frac{动力 \times 动力臂}{阻力}$$

4. 求解阻力大小

$$阻力 = \frac{动力 \times 动力臂}{阻力臂}$$

5. 求解动力臂与阻力臂的比值

$$\frac{动力臂}{阻力臂} = \frac{阻力}{动力}$$

6. 求解动力与阻力的比值

$$\frac{阻力}{动力} = \frac{动力臂}{阻力臂}$$

上面的总结有点儿抽象，让我举两个例子来说明一下吧。

例如，当我们用杆秤称物体时，我们会将秤砣左右移动。当杆秤达到力矩平衡时，我们就可以利用第 4 种方法，算出阻力，进而算出物体质量。

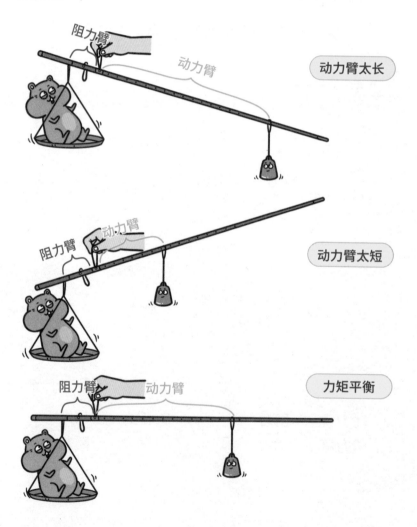

阻力臂　动力臂　动力臂太长

阻力臂　动力臂　动力臂太短

阻力臂　动力臂　力矩平衡

力 矩

再比如，当我们要利用一对齿轮传输机械动力时，为了让齿轮输出的力矩是机械原始力矩的 4 倍、2 倍或 50%、25%，我们可以利用第 5 种方法，算出这对齿轮的齿数比，从而正确地选择所需的齿轮组合。

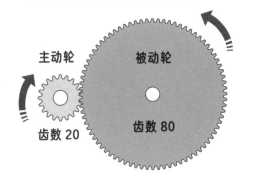

原始力矩：输出力矩 = 1：4

主动轮
被动轮
齿数 20
齿数 80

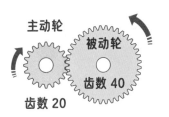

原始力矩：输出力矩 = 1：2

主动轮
被动轮
齿数 20
齿数 40

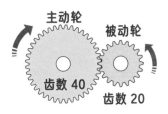

原始力矩：输出力矩 = 2：1

主动轮
被动轮
齿数 40
齿数 20

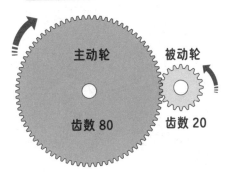

原始力矩：输出力矩 = 4：1

主动轮
被动轮
齿数 80
齿数 20

现在你明白了吗？假如我们不知道这样的公式，当我们在生活和生产中遇到各种杠杆问题时，我们需要反复试验，从大量错误中吸取经验，才能得出正确的结果。

唉呀！

9 月 7 日
第 1 次试验
失败

用力！

9 月 12 日
第 7 次试验
失败 失败

但有了力矩公式，我们只要坐在书桌前，用笔和稿纸做一番加减乘除，就能立刻找到问题的答案啦。

嘿呀!

9 月 26 日
第 17 次试验
失败 失败
失败 失败

工具选择很重要!

计算结果：
应大幅
延长力臂

力的单位是牛顿，简称牛；力臂的单位是米。于是，力矩的单位就是前两个单位的组合，写作牛·米，英文缩写是 N·m [注]。

例如，假如我在力臂为 1 米的杠杆上施加了 100 牛的力，我产生的力矩就等于：

$$我的力矩 = 100 \ 牛 \times 1 \ 米 = 100 \ 牛 \cdot 米$$

与此同时，在距离杠杆另一端 0.01 米的地方，有一块重力为 5000 牛的石头（质量约为 520 千克），它产生的力矩就等于：

$$石头的力矩 = 5000 \ 牛 \times 0.01 \ 米 = 50 \ 牛 \cdot 米$$

由于我的力矩大于石头的力矩，所以杠杆会按照我施加转动作用的方向转动。也就是说，我成功地用杠杆撬动了石头。

100 牛·米

50 牛·米

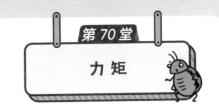

　　再举一个例子。假如我选用的杠杆很短，其动力臂只有 0.3 米。

此时，我所施加的 100 牛的力产生的力矩为：

$$我的力矩 = 100\ 牛 \times 0.3\ 米 = 30\ 牛\cdot米$$

　　由于我施加的力矩小于石头的力矩，所以此时我无法撬动石头。

注：请不要将力矩的单位牛·米和功、能量的单位焦耳混淆。虽然1焦耳也等于1牛顿×1米，
　　但是焦耳中的1米是指物体移动的距离，而牛·米中的1米是指力臂的长度。这两个"1米"
　　的物理意义不同，所以焦耳和牛·米的物理意义也不同。它们是完全不同的物理单位。

你长大以后，可能会买一辆小汽车，成为一名汽车驾驶员。这时，摆在你面前的可能有两辆汽车，它们的区别是，甲车的最大扭矩是 90 牛·米，而乙车的最大扭矩是 250 牛·米。这时，你会如何选择呢？

最大扭矩 90 牛·米

最大扭矩 250 牛·米

千万别被"扭矩"这两个字吓到了。它衡量的其实就是汽车发动机输出的一种力矩。

原来，发动机在运行时，会驱动活塞反复上下运动。这种运动经过机械装置传导后，会带动旁边的一根转轴（曲轴）不断转动，并经过其他机械装置的传导，带动车轮（驱动轮）一起转动。

汽车动力传递流程示意图

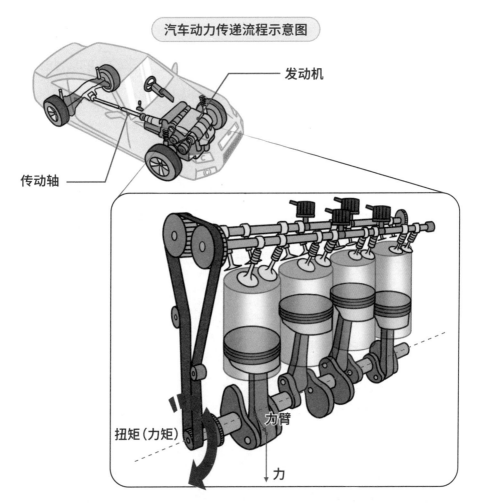

发动机

传动轴

扭矩（力矩）

力臂

力

　　学过力矩的概念后，你肯定已经明白，发动机要对转轴施加力矩，转轴才会转动。这个驱动转轴转动的力矩，就是我们在购买汽车时说的"扭矩"。

既然扭矩和力矩在原理上是一回事，那么汽车扭矩的含义就很明显了。假如一辆汽车的最大扭矩的数值很大，那就说明，当发动机开足马力时，它对转轴（以及连接在转轴上的车轮）的转动作用很大；假如一辆汽车的最大扭矩的数值很小，那就说明，当发动机开足马力时，它对转轴（以及连接在转轴上的车轮）的转动作用比较有限。

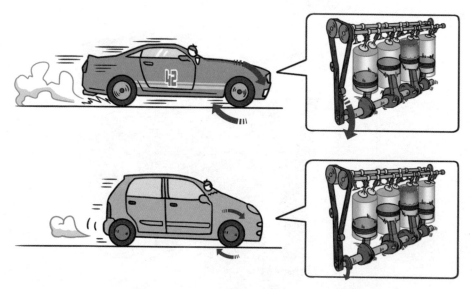

例如，在相同的条件下，你轻轻一踩油门，发动机扭矩大的汽车，"轰"的一声就开走了，就像一匹脱缰的野马。与之相反，发动机扭矩小的汽车，需要老半天才能跑起来，就像一头扭捏的毛驴。当然，我在这里比较的是同一款车型的不同扭矩。

慢悠悠……　　　　　　嗖——

　　假如我们比较的是不同车型的扭矩，你就会发现，载重量大的汽车通常最大扭矩比较大，载重量小的汽车通常最大扭矩比较小。这是因为，最大扭矩越大，汽车的动力就越强劲，能够载动的人和货物就越多。

最大扭矩 1000 牛·米

挺狂嘛！小老弟！

最大扭矩 250 牛·米

最大扭矩 90 牛·米

数值小课堂

不同类型机械的发动机的最大扭矩比较

小轿车·········100 ～ 700 牛·米

公交车········900 ～ 1300 牛·米

重型卡车·····1400 ～ 2300 牛·米

压路机·······1400 ～ 1800 牛·米

拖拉机·······200 ～ 3000 牛·米

坦克········3000 ～ 5000 牛·米

火车······34000 ～ 80000 牛·米

卷扬机····1000 ～ 2000000 牛·米

大型货轮 650000 ～ 7600000 牛·米

小轿车

压路机

重型卡车　　　　　　　　　公交车

力 矩

大型货轮

火车

卷扬机

坦克

拖拉机

137

为了节省能量，电动机特意在搬运物体时使用了杠杆。结果，电动机原来消耗多少能量，用了杠杆之后仍然消耗多少能量，使用杠杆根本没有节能的效果。这是为什么呢？

为了搞清楚这个问题，让我们先来回想一下我们在上一册中讲到的关于功的定义。在电动机施加的外力 F 下，一个物体移动了距离 L。

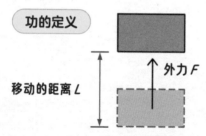

功的定义

移动的距离 L

外力 F

那么电动机对物体做的功就等于外力 F 乘以距离 L，即电动机做的功 = $F \times L = FL$。

我做的功等于 FL。

F

L

力矩

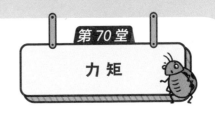

电动机心想，杠杆可以使人省力。它搬动物体原本需要 F 牛的力，使用杠杆以后，只要 $F/2$ 牛就够了。如此一来，它岂不是就能省下大量的力，从而省下很多焦耳的功吗？

假如我用了杠杆，我需要做的功就会变成 $F/2 \times L = FL/2$。

电动机的愿望很丰满，然而现实却很骨感。别忘了，杠杆在帮电动机省下许多力气时，也会让电动机需要做功的距离变大。

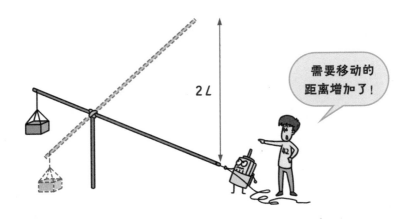

$2L$

需要移动的距离增加了！

举个例子，假如电动机想用一半的力吊起物体，那么在杠杆的作用下，它的做功距离就会变为原来的 2 倍。

　　假如它想用三分之一的力吊起物体，它的做功距离就会变为原来的 3 倍。

　　假如它只想用四分之一的力吊起物体，它的做功距离就会变为原来的 4 倍。

　　以此类推。

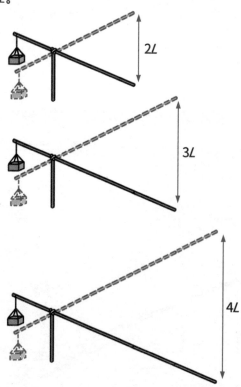

第 70 堂
力 矩

总之，假如电动机想出 n 分之一，也就是 F/n 的力吊起物体，那么电动机驱动杠杆移动的距离就会变为原来的 n 倍，也就是变为 nL。

$$电动机使用杠杆后做的功 = \frac{F}{n} \times nL = FL$$

你看，不管电动机使用什么杠杆，它所做的功都不会有一丝一毫的变化。杠杆虽然可以省力，但并不能省功。电动机想要通过杠杆节约能量是不现实的。

同样的道理，我们可以推导出关于杠杆的更多结论：

敲黑板，划重点！

1. 杠杆省力时不省功。

2. 杠杆费力时不费功。

3. 杠杆省距离时不省功。

4. 杠杆费距离时不费功。

第71堂

滑轮

在现实生活中，没有人会像山小魁一样傻乎乎地爬到旗杆顶端升旗。一方面这样做很危险；另一方面，不是每个人都像猴子一样擅长爬杆。我们通常的做法是跟耳郭狐一样，利用旗杆顶端的滑轮改变施力的方向，轻轻松松地站在地面升旗。当然，这里有一个前提条件，得有人先在旗杆顶端装好滑轮，再把旗杆立起来。

这种转轴被固定起来、位置不可移动的滑轮叫作**定滑轮**。

　　定滑轮的主要作用就是改变力的方向。这个作用看起来很不起眼，而且它既没有省力也没有省距离。但在特殊的时候，改变力的方向能够大大推进我们的工作进展。

敲黑板，划重点！

定滑轮不省力，但可以改变力的方向。

例如，在坚果石灰洞的救援中，受困者被困在了洞穴的深处，必须有一股强大的力量将他向上拉，才能让他脱离困境。可是，由于通道过于狭窄，救援人员连胳膊都伸不出去，根本不可能使出向上的拉力。

最终，救援人员用一组定滑轮解决了这个问题。此时，救援人员可以站在宽敞的地方，施加一股向下的拉力。在定滑轮的帮助下，这股拉力改变了好几次方向，最终变成了向上的拉力，将受困者从扭曲的洞穴通道中解救出来。

151

山小魈真是一个难能可贵的人。他知错就改，很快学会了用定滑轮提高工作效率。但计划赶不上变化，这次他的任务不是升旗，而是吊起箱子。由于箱子比旗子重得多，山小魈用了定滑轮以后，感到十分吃力。可是，旁边的耳郭狐和山大魈却轻轻松松地吊起了箱子，因为他们这次用到了动滑轮。

你可能在工地的吊车上见过这样的滑轮。它们的转轴不是固定不变的，而是可以随物体上下移动的。这样的滑轮叫作**动滑轮**。

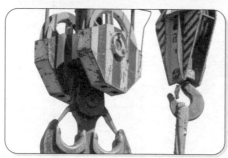

假如你见过电梯维修场景的话，就会发现，某些电梯的顶部也挂着动滑轮。

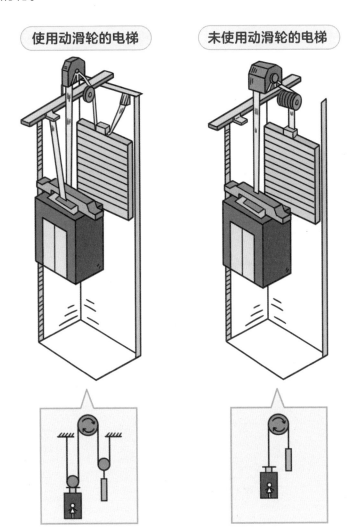

使用动滑轮的电梯　　　未使用动滑轮的电梯

动滑轮并不像定滑轮那样能改变力的方向，但它有一个明显的好处，就是可以省力。为什么动滑轮可以省力呢？我们可以通过两个不同的视角来解释这个现象。

第一个视角是力的视角。当我们将一个 100 牛的物体挂在一个动滑轮上时，物体的重量将由绳子的两端一起承担。科学家发现，一根绳子只会产生一股作用力。也就是说，假设绳子产生的拉力是 50 牛，那么绳子两端产生的总拉力刚好等于 50 牛的 2 倍，也就是 100 牛。如此一来，耳郭狐和山大魈只需要使出 50 牛的力气，就能拉动 100 牛的物体。

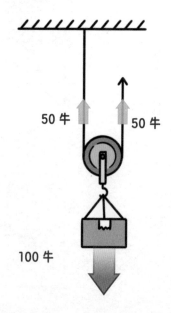

50 牛　　50 牛

100 牛

第二个视角是杠杆的视角。当我们拉动动滑轮上的绳子时，在动滑轮运动的每一个瞬间，我们都可以把它看作一个正在转动的杠杆。这个杠杆的动力臂是阻力臂的 2 倍长，所以，在转动这个杠杆时，我们只需要 50 牛的力气，就能拉动 100 牛重的物体。

敲黑板，划重点！

动滑轮不改变力的方向，但可以省力。

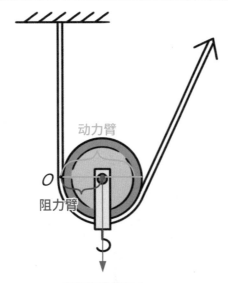

来自物体的重力

亲爱的读者，你发现了吗？想要解决一个物理问题，并不一定只有一种方法。在物理学中，条条大路都可以通罗马哟！

在前面的故事里，我们讨论了杠杆省力不省功的问题。在动滑轮中，这个问题同样存在。当我们使用动滑轮省力时，绳子在滑轮上移动的距离也增加了。

那么，绳子移动的距离到底会增加多少呢？当我们计算拖动绳子做的功时，结果会变成什么样呢？

10 米

10 米

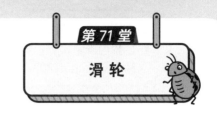

第 71 堂

滑 轮

请你自己开动脑筋，试着回答这个问题吧！如果你不知道该怎么计算的话，可以通过做实验来寻找答案。

第 4 节　什么是滑轮组

这一回，山小魈应该会输得心服口服。当他在纠结到底该用定滑轮还是动滑轮时，耳郭狐已经把两种滑轮都用上，组成了一个滑轮组。有了这样的滑轮组，耳郭狐既节省了力气，又改变了力的方向，真可谓一举两得。

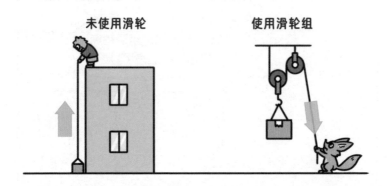

未使用滑轮　　　　　使用滑轮组

当然，滑轮组并不是只有一种组合方法，而是有很多不同的组合方法。例如，光是一个定滑轮和一个动滑轮，就有至少 3 种组合方法。

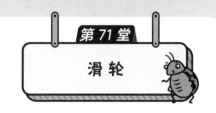

第 71 堂

滑 轮

除此之外，我们还可以根据实际需求，用更多滑轮来制作不同的滑轮组。每一种滑轮组的省力程度都是不同的哟！

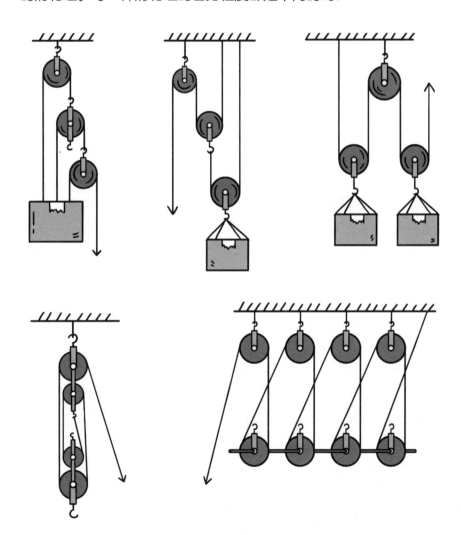

第72堂

机械效率

第1节　什么是有用功和额外功

　　物体的能量明明只增加了 90 焦耳，可是电动机却说自己足足做了 100 焦耳的功。于是山小魈认定，电动机在虚报功劳。然而，事实真的如此吗？

　　当然没有这么简单。假如你戴上能量眼镜，仔细观察电动机做功过程的话就会发现，当物体的能量增加 90 焦耳时，动滑轮的能量也增加了 10 焦耳。二者相加，刚好是 100 焦耳。因此，电动机并没有虚报功劳。

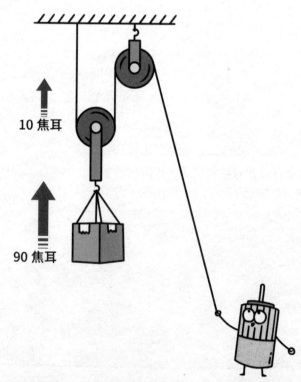

10 焦耳

90 焦耳

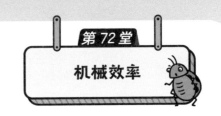

　　为什么动滑轮的能量会增加 10 焦耳呢？因为当电动机通过拉动绳子来拉动物体时，动滑轮也受到了绳子的拉力。当物体随着拉力上升时，动滑轮也随着一起上升。因此，当电动机对物体做功时，它也在不知不觉地对动滑轮做功。当然，前一种做功是我们必须做的，我们叫它"有用功"；后一种功是我们在使用滑轮时额外做出的，叫作"额外功"[注]。

　　电动机说自己做了 100 焦耳的功，是把有用功和额外功加在一起后得到的结果。我们管这样的功叫作"总功"。

有用功		90 焦耳
额外功		10 焦耳

总功 ＝ 有用功 ＋ 额外功

注：实际上，额外功只有一部分转化成了动滑轮的重力势能，另一部分则用于克服摩擦力。

第 2 节　使用机械必然会额外消耗能量

　　假如你认真核算每一种机械做功时的情况，就会发现，它们在不断输出有用功的同时，还都在不断做着额外功。也就是说，使用机械虽然可以帮助我们以小博大，实施前人花几千年都不可能完成的工程，但它们同时也会额外消耗能量。这是我们在使用机械时必须付出的代价。

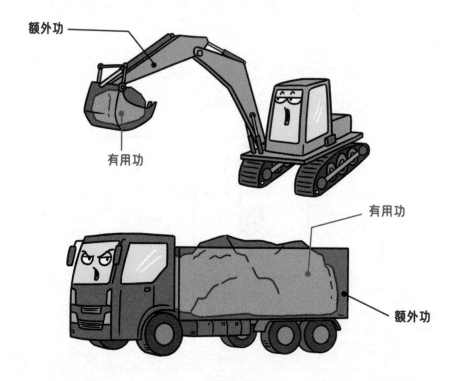

　　听到这个消息，也许你会觉得心里有点儿不舒服。为什么使用机械就必须额外消耗能量呢？我们能不能不使用机械呢？

答案是不能。其中的原因有两个。第一，假如没有机械，很多工程我们仅凭人力是根本做不到的。比如，如果前方道路塌方了，我们很难用人力快速移除质量为几十吨的巨石，只能依靠机械。

第二，即使我们完全不使用机械，我们仍然会消耗额外的能量。因为人本身也可以看作一种机械，而且是一种很低效的机械。在完成相同的工作量时，人做的额外功可能要比其他机械还多。

轻松——

好累——

174

所以，不管机械如何消耗额外的能量，我们在大多数情况下都得使用机械。不过，当我们有很多种不同的机械可以选择时，我们就要通过选择机械效率更高的机械，节约我们宝贵的能量。

175

　　在机械效率大赛中，山小魈制造了一个无比复杂的机械。根据我的计算，这个机械的效率只有 3.5%，远远低于山大魈的 80% 和耳郭狐的 90%。这样的机械是能量浪费大户。假如山小魈真的用这个机械出去承包工程，估计最后会将他的所有玩具和零食全赔进去。

+300 元

+150 元

−3000 元

第 72 堂

机械效率

机械效率到底代表什么意思呢？很简单。假如一个机械对外输出了 100 焦耳的功，其中有 90 焦耳的功是有用功，我们就说它的机械效率是 90%。

机械效率：90%

额外功：10 焦耳

有用功：90 焦耳

总功：100 焦耳

此时，假如有另外一个机械，仍然输出 100 焦耳的功，但其中只有 80 焦耳的功是有用功，我们就说它的机械效率是 80%。

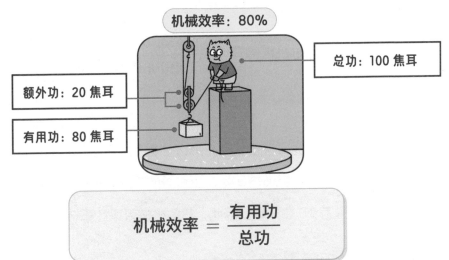

机械效率：80%

总功：100 焦耳

额外功：20 焦耳

有用功：80 焦耳

$$机械效率 = \frac{有用功}{总功}$$

有了机械效率这个概念，我们就可以通过比较机械效率的差异，来推测一台机器是否适用于某个工作场景了。

例如，用一辆质量为 1.5 吨的小轿车拉 10 吨货物，需要来回跑 100 趟，每一趟只拉 100 千克的货物。

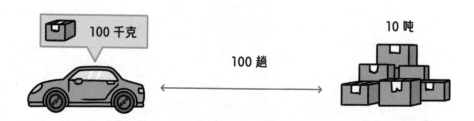

为了计算方便，我们粗略地认为，小轿车做的有用功是 2 兆焦耳，总功是 100 兆焦耳[注]。因此，它的机械效率计算结果如下：

$$小轿车拉货的机械效率 = \frac{2000000\ 焦耳}{100000000\ 焦耳} = 2\%$$

如果换成质量为 9 吨的货车，那么 2 趟就能把货物拉完。

这时，我们可以粗略地认为，货车做的有用功仍然是 2 兆焦耳，但它的总功只有 10 兆焦耳。因此，它的机械效率计算结果如下：

注：1兆焦耳等于100万焦耳，等于1000千焦。

$$货车拉货的机械效率 = \frac{2000000 \text{ 焦耳}}{10000000 \text{ 焦耳}} = 20\%$$

你看，货车拉货的机械效率足足是小轿车的 10 倍。因此，在现实生活中，假如我们从超市买东西回家，我们会驾驶小轿车。但假如超市要从货运中心拉货，就会使用专用的货车。

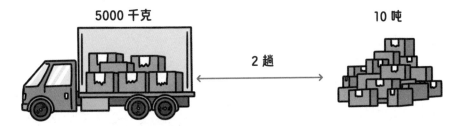

根据同样的道理，我们很容易理解，当我们从内地向沿海地区运输大批量的煤和矿物时，我们更倾向于选择火车而不是卡车。当我们从一个沿海国家向另一个沿海国家运输大宗货物时，我们更倾向于选择轮船而不是飞机。

虽然我们没有具体计算每一种运输工具的机械效率，但可以想象，在现实世界中，人们使用的运输方案一定是机械效率最高的那一种。

另一方面，在使用机械的过程中，机械工程师需要经常对机械进行保养和维护，让机械始终处于最佳运行状态，防止机械效率大幅下滑。与此同时，工程师还会和科学家一起，研究出更加先进的机械，让它们的机械效率更高、寿命更长、操作过程更智能、保养过程更便捷。

这就是机械效率对于我们生产和生活的指导意义。

书中照片出处　书中所用部分图片标注了出处，为了方便读者查找，保留了图片来源的原始状态，并未翻译成中文。

第 148 页左上照片
South O Boy/Shutterstock

第 148 页右上照片
Drozdin Vladimir/Shutterstock

第 148 页左下照片
KPhrom/Shutterstock

第 148 页右下照片
CKYN stock photo/Shutterstock

第 154 页左上照片
South O Boy/Shutterstock

第 154 页右上照片
Drozdin Vladimir/Shutterstock

第 154 页左下照片
KPhrom/Shutterstock

第 154 页右下照片
ZhakYaroslav/Shutterstock